U0264290

专家推荐语

  人类的生活离不开塑料，然而，大量的废弃塑料正以惊人的速度污染我们的地球。塑料本身不是污染物，但塑料垃圾被随意丢弃到自然环境中难以降解，就会造成环境危害。只有让塑料垃圾进入塑料循环体系，再生成为新的产品继续为人类服务，才能够减少环境污染、节约资源、降低排放，为实现碳中和作出贡献。

  塑料垃圾是放错了地方的资源，垃圾分类是塑料循环的第一步，也是最关键的一步。垃圾分类，教育先行。早期的环境教育不仅有助于培养小朋友的环保意识，还能激发他们对环境科学的兴趣。

  本套丛书从不同视角介绍了塑料的"性格特点""前世今生""循环之旅"等，画风优美，内容生动有趣。绘本中的主人公与小朋友亲密互动，帮助小朋友了解塑料循环的知识，鼓励他们亲身参与到塑料垃圾分类中来，从而激发对生态文明与绿色发展的好奇心和探索心。

——杜欢政

- 碳中和与塑料循环环保科普教育丛书 -

一个塑料餐盒的
循环之旅

本书编委会 著

中国石化出版社

·北京·

一个塑料餐盒的循环之旅

—

编撰委员会

总 顾 问：曹湘洪

主　　编：杜欢政　蔡志强

编　　委：陈　锟　高永平　刘　健　文　婧

文字撰稿：文　婧　蔡　静　孙　蕊

插　　画：丁智博　李潇潇

知识顾问：者东梅　钱　鑫　王树霞　吕　芸

　　　　　吕明福　初立秋　戚桂村　周　清

支持单位：中国石化化工事业部

　　　　　中国石化化工销售有限公司

　　　　　同济大学生态文明与循环经济研究所

　　　　　浙江省长三角循环经济技术研究院

小朋友，你好！
想了解塑料餐盒是如何回收利用的吗？
欢迎踏上塑料餐盒的循环之旅！

小朋友们，相信大家都吃过外卖快餐吧。外卖虽然十分美味便捷，但也产生了大量的包装垃圾。

我叫"明明"，是个一次性塑料餐盒，是最常见的外卖包装。我为人类服务的时间其实很短，从餐厅打包食物，到餐后人们将我丢弃到垃圾箱，前后不过几个小时。

我身上粘满食物残渣，很难清理。如果把我直接扔进垃圾桶，还会污染其他可回收垃圾。如果把我当成其他垃圾来处理，无论是填埋还是焚烧，都会污染环境。

食物残渣难清理

中国物资再生协会发布的《塑料餐盒回收再生调研报告》显示，我国塑料餐盒的年使用量约 107 万吨，也就是说，每天会产生近 3000 吨废弃餐盒。仅上海市每天由一次性塑料餐盒产生的"白色垃圾"就高达 100 吨。

　　我体重轻、不吸水，以前人们将我随意丢弃，但现在，越来越多的人意识到我可以循环再生，具有巨大价值。

目前，我国快餐盒主要采用聚丙烯（PP）材料。它是一种半透明的高分子聚合物，具有良好的耐油性、耐弱酸碱性和耐热性，可在 −30℃到140℃的环境中使用。

下面就来一起看看我们是如何再生的吧！

首先要经过收集、分拣、压缩、打包做成"净砖"等环节，然后开启循环再生闯关之旅。

Start >>

5

4

第一关，我们被切割成小碎片，使用高效去油污沐浴液（清洁剂），洗掉身上的油污和食物残渣。

Round 1
一尘不染

来到第二关，我们被送进高温炉中熔化，经过冷却后，从小碎片变成"大米粒"，脱胎换骨变成"粒粒皆环保"的再生塑料颗粒。

Round 2
焕然一新

勇闯第三关，我们被送往各个车间吃下"大力丸"（改性剂），增强本领，拥有了多种多样的用途和功能。

Round 3
强身健体

在第四关，我们会面临一系列的"魔鬼"测试，经历摔、甩、撞、压、挤、暴晒和冷冻等各种考验，检测我们的抗摔、抗晒和抗冻等性能。

Round 4
千锤百炼

由于我们前身是食品级的塑料，比普通塑料要干净，因此当我们"东山再起"后可以变成各种塑料制品。

通过循环再生之旅，这些废弃的一次性餐盒得到了充分的利用，继续为人类社会服务，不仅节约了资源，也减少了对环境的污染。

Round 5
东山再起

　　再生后，我被做成一个润肤露的瓶子，身体里装着香香的护肤品。
被一位漂亮的阿姨买回家后，我身体里的护肤品给她带来美丽和自信。

　　中国物资再生协会数据显示，塑料餐盒回收加工成颗粒之后，约有 28% 用于包装行业，22% 用于建筑建材行业，14% 用于汽车行业，13.5% 用于农业,11% 用于电子电器行业,9% 用于家居行业。

小朋友们，猜一猜，在我的循环再生之旅中，目前最困难的环节是哪一步？

　　答案是收集环节。在回收储存的过程中，由于带有食物残渣和油污，我们很容易污染环境。因此，希望大家使用完餐盒后，请清洗或擦净后再做好分类，让我们干干净净地踏上循环之旅吧！

塑料博士小课堂 —— 你问我答

一次性塑料餐盒有哪几种类型？它们各有什么特点？

根据材料不同，一次性塑料餐盒可分为以下几类：

可发性聚苯乙烯 (EPS)：易发泡，常用于泡沫塑料餐盒（如白色快餐盒）和包装缓冲材料。

聚丙烯 (PP)：常用于可微波餐盒，有透明的，也有不透明的。

聚对苯二甲酸乙二醇酯 (PET)：透明度高，但并不耐热，常用于制作透明餐盒或瓶子。

聚乳酸 (PLA) 等生物可降解塑料：由可再生资源制成，在一定条件下可以降解。

什么是生物可降解塑料？

生物可降解塑料是一种在一定条件下能够由微生物作用引起降解，并最终转化为对环境无害的物质。这种塑料一般能够转化为二氧化碳、水和小分子有机物等。前面提到的聚乳酸 (PLA) 就是一种使用植物（如玉米）提取的淀粉原料，经过复杂的化学合成和生物发酵制成的生物可降解塑料。它在自然界中可以被微生物分解，从而减少对环境的污染。

透明和不透明塑料餐盒分别有哪些特性？
在使用中有什么注意事项呢？

塑料餐盒是否透明可能是因为由不同的材料制成的，也可能是采用相同的材料但添加了不同的色素颜料，或者使用了不同的生产工艺制成的。透明塑料餐盒通常没有添加任何遮光的色素颜料，而不透明的餐盒可能含有填充剂或着色剂。

透明餐盒通常由 PET 或 PP 制成，因为这些材料具有良好的透明度和食品安全性。PET 由于不耐热，因此常做成冷饮和沙拉容器，而 PP 则可用于盛装热的或需要微波炉加热的食物容器。

不透明餐盒可能由 PS 发泡材料、PP 发泡材料，或经过着色的 PP 材料等制成，这些材料的成本相对较低，但 PS 的耐热性不如 PP，因此不能用于微波炉加热。同时，尽量不要用 PS 餐盒打包滚烫的食物，PS 受热分解会对我们的健康产生不利影响。

塑料博士小课堂 —— 你问我答

外卖塑料餐盒的回收价值如何？

目前，我国超过 90% 的外卖塑料餐盒为 PP 塑料材质，PP 塑料具有较高的回收及再生利用的价值。塑料餐盒通过收集、分拣、破碎、清洗、熔融造粒后做成再生塑料，供给下游的应用领域。回收利用外卖餐盒，对于减少塑料污染、保护环境和可持续发展具有十分重要的意义。

回收利用外卖塑料餐盒面临的主要问题有哪些？

塑料餐盒的回收利用面临一系列挑战。

比如，塑料餐盒常常受到食物残渣等污染，导致回收后的塑料材料质量下降。与其他种类的塑料混合在一起，增加了回收和再利用的难度。由于缺乏有效的回收基础设施，加上很多人对于塑料餐盒回收的认识程度不足，或因回收过程不便，许多地区的塑料餐盒回收率相对较低。

对于某些类型的塑料餐盒，特别是多层复合材料的包装，目前存在技术上的困难，使得回收和再利用变得更加复杂。

要想解决这些问题需要多方合作，共同努力，来促进塑料餐盒的可持续回收利用。

我国对于一次性塑料制品的政策是怎样的？

国家发展改革委、生态环境部公布的《关于进一步加强塑料污染治理的意见》提出：一次性塑料制品消费量明显减少，替代产品得到推广，塑料废弃物资源化能源化利用比例大幅提升；在塑料污染问题突出领域和电商、快递、外卖等新兴领域，形成一批可复制、可推广的塑料减量和绿色物流模式。到 2025 年，塑料制品生产、流通、消费和回收处置等环节的管理制度基本建立，多元共治体系基本形成，替代产品开发应用水平进一步提升，重点城市塑料垃圾填埋量大幅降低，塑料污染得到有效控制。

一个塑料餐盒的循环之旅

塑料餐盒"明明"从餐厅打包食物，到餐后被人们丢弃，前后不过短短几个小时。然而，它并没有被简单地填埋或焚烧处理，而是开始了一场奇妙的闯关冒险。书中的故事不仅仅是一次惊险刺激的旅程，更是一场环保意识的启蒙之旅。

"明明"在循环利用的道路上历经重重困难，最终凭借勇气和毅力，完成了自己的使命。它不仅向我们展示了食品级聚丙烯（PP）塑料制品的循环利用过程，更教会我们如何正确处理废弃餐盒，珍惜资源，从身边的小事做起，为保护地球环境贡献自己的力量。

每一个塑料餐盒的循环之旅都是一场快乐而有意义的冒险！希望这个故事能够激发小朋友们对塑料垃圾分类的兴趣，从小培养环保意识和社会责任感。让我们和快乐勇敢的塑料餐盒"明明"一起，共同守护我们美丽的地球吧！